NHK for Sch

微观世界放大看

全5册

❮4❯ 闪亮的东西

日本NHK《微观世界》制作班 编著

[日] 长谷川义史 绘

王宇佳 译

中国出版集团 现代出版社

目录

这个闪亮的
东西是什么？

第7页

这个闪亮的
东西是什么？

第13页

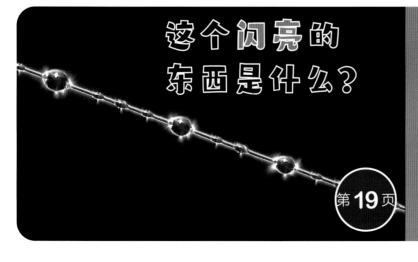

这个闪亮的
东西是什么？

第19页

2

这个**闪亮**的
东西是什么？

第**25**页

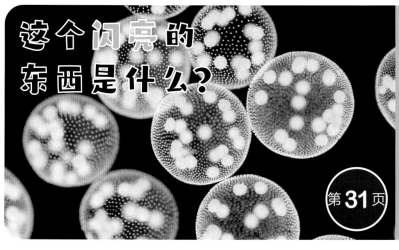

这个**闪亮**的
东西是什么？

第**31**页

这个**闪亮**的
东西是什么？

第**37**页

本书的使用方法

微观世界是指我们用肉眼看不见的微小世界。
本书将带领大家从微观角度观察生物的身体结构和行为，解读生物身体的奥秘。

这个闪亮的东西是什么？

哇，好像万花筒一样！

应该是红色的生物吧？

第1步 一边看照片，一边思考

这是什么生物的照片？开动脑筋想一想吧。

第2步 仔细观察生物的身体结构

仔细观察照片中生物的身体结构。在微观世界里，我们能发现哪些有趣的东西呢？

这里会公布答案！继续放大"闪亮"的东西，然后讲解它的结构或原理。

答案是霓虹脂鲤的尾鳍

继续放大

胡萝卜里也含有胡萝卜素哦。

放大后的发现 闪亮的红色部分是含有红色素的细胞
图上的斑点是一种色素细胞，其大小约为0.2毫米。色素细胞里含有胡萝卜素等色素。

霓虹脂鲤是什么样的鱼？

观察
看一看它的身体吧

霓虹脂鲤是生活在巴西亚马孙河里的热带鱼，俗称红绿灯鱼。因为颜色绚丽，又被人们称为"游动的宝石"。下面就让我们一起看看霓虹脂鲤的身体结构吧。

人和霓虹脂鲤拥有同一种色素？！

黑斑
霓虹脂鲤身体表面有很多黑斑。这是黑色素沉积后形成的。人的皮肤和毛发里也有这种黑色素。

眼睛
霓虹脂鲤眼睛周围也像身体侧面一样泛着蓝光。变换光线的角度，还能看见黄色或绿色。

蓝线
霓虹脂鲤身上有一条蓝线，从头部贯穿到尾鳍根部，只要有光照射在上面，就会闪闪发亮。

尾鳍
霓虹脂鲤的尾鳍末端是透明的，里面没有色素细胞，而尾鳍根部有红色的色素细胞。

哇，还会变色，就像彩虹一样！

为什么霓虹脂鲤的颜色会变化？

小资料
霓虹脂鲤
大小：约5厘米

这里将提一个最受关注的问题！下一页的"不可思议大调查！"会跟大家一起讨论这个问题。

这里是生物的基本资料。

第3步 探究不可思议之处

继续放大生物或仔细观察其行为，探究其中的不可思议之处。

从微观世界找出的答案，都用粉色记号笔做了标注。

第4步 进一步独立研究这种生物吧

让我们进一步调查前面介绍过的这种生物吧。这里会提出 4 个有趣的问题，需要小读者独立寻找答案。大家可以复印书后的发现笔记，将调查的过程和结果记录在上面！

下面就开始我们的微观世界之旅吧！

本书中的登场人物

大眼睛

微观世界的向导。它有一双标志性的大眼睛，可以放大任何东西。它不仅博学，还擅长教导小朋友。

小飞

小学四年级的学生。喜欢学习理科。他非常喜欢动物，在学校里担任生物课代表。他生性勇敢，好奇心也很强。性格直率，有一说一。

小浩

小学四年级的学生。喜欢上体育课。他的家接近大自然，他平时喜欢到处捉虫、捕鱼。他性格率真，非常耿直。

祐树

小学四年级的学生。喜欢学习数学，其他学科也学得很好。比起外出玩耍，更喜欢在家里玩电脑。他的梦想是长大成为一名科学家。

小舞

小学四年级的学生。喜欢上音乐课和美术课。最喜欢耀眼发光的东西。性格稳重大方。有点害怕虫子。

这个闪亮的东西是什么？

哇，好像万花筒一样！

应该是红色的生物吧？

答案是**霓虹脂鲤的尾鳍**

继续放大

放大后的发现

闪亮的红色部分是含有红色素的细胞

图上的斑点是一种色素细胞，其大小约为0.2毫米。色素细胞里含有胡萝卜素等色素。

胡萝卜里也含有胡萝卜素哦。

霓虹脂鲤是什么样的鱼？

看一看它的身体吧

霓虹脂鲤是生活在巴西亚马孙河里的热带鱼，俗称红绿灯鱼。

因为颜色绚丽，又被人们称为"游动的宝石"。下面就让我们一起看看霓虹脂鲤的身体结构吧。

人和霓虹脂鲤拥有同一种色素？！

黑斑

霓虹脂鲤身体表面有很多黑斑。这是黑色素沉积后形成的。人的皮肤和毛发里也有这种黑色素。

眼睛

霓虹脂鲤眼睛周围也像身体侧面一样泛着蓝光。变换光线的角度，还能看见黄色或绿色。

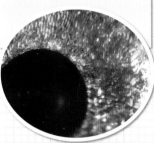

尾鳍

霓虹脂鲤的尾鳍末端是透明的，里面没有色素细胞。而尾鳍根部有红色的色素细胞。

蓝线

霓虹脂鲤身上有一条蓝线从头部贯穿到尾鳍根部。只要有光照射在上面，就会闪闪发亮。

哇，还会变色，就像彩虹一样！

为什么霓虹脂鲤的颜色会变化？

 小资料

霓虹脂鲤

大小：约3厘米

食物：浮游生物

霓虹脂鲤原产于热带的亚马孙河流域。如果想在鱼缸里饲养它，水温一定要控制在23~28摄氏度。

9

不可思议 大调查！

为什么霓虹脂鲤的体色会随着观察角度不同或者周围光线明暗变化而改变呢？

 放大蓝线

仔细观察变色的部分，看看会发现什么？

 **放大后的发现**

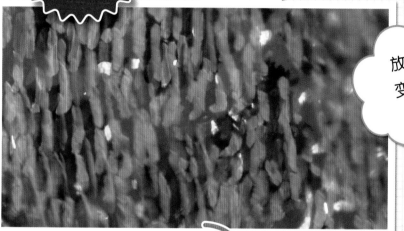

放大之后变得更闪亮了！

表面整齐地排列着看起来是蓝色的细长色素细胞。

改变光线照射的角度

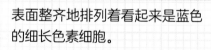 细长的色素细胞不见了！

这些细长的色素细胞其实并非蓝色的，其特性是可以将光的 7 种颜色反射出来！

原来有这么多种色素细胞啊！

观察霓虹脂鲤的体表，看看会发现什么？

黑色素是关键。

明亮处的霓虹脂鲤

在白天或明亮处，能看到闪闪发亮的蓝线，以及鲜艳的红色。

昏暗处的霓虹脂鲤

在晚上或昏暗处，蓝线和红色部分的颜色都变浅了。

放大表面的黑斑

放大表面的黑斑

放大后的发现

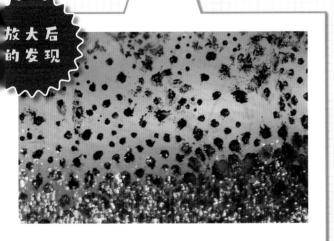

黑斑很小！

放大后的发现

黑斑很大！

霓虹脂鲤的身体在明亮处近似透明，但到了昏暗处就会变黑。这是因为霓虹脂鲤身体里的黑色素细胞大小会随着光线明暗发生变化。

黑斑变大了，所以体色变暗！

大家可以进一步研究霓虹脂鲤哦！

 为什么霓虹脂鲤喜欢群游？

 霓虹脂鲤是怎么睡觉的？

 霓虹脂鲤这类热带鱼怕冷水吗？

 霓虹脂鲤能在热带的海洋里生活吗？

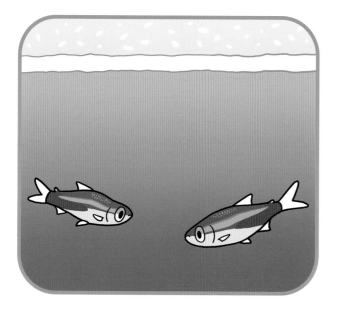

大家可以复印书后的发现笔记，将调查结果记录下来！

这个闪亮的东西是什么？

这是什么呀？怎么都朝着同一个方向生长？

黄色和黑色相间，莫非是老虎？！

答案是**凤蝶的翅膀**

继续放大

因为摸了凤蝶的翅膀，手上粘了黑色粉末！

约 0.1 毫米

这就是鳞粉?!

凤蝶翅膀的表面整齐地排列着一排排小孔

凤蝶翅膀的表面整齐地排列着像插孔一样的小孔。这些小孔能长出形似花瓣的黄色、黑色鳞片（鳞粉），凤蝶翅膀上的图案就是由它们形成的。

凤蝶是什么样的昆虫?

看一看它的身体吧

凤蝶喜欢在花丛中翩翩起舞，它的身体究竟
有哪些特殊结构呢?

嘴

凤蝶的嘴很长，像吸管
一样，有助于吸食花蜜。
不用时会卷起来。

触角

凤蝶的触角很长且前端
较粗。

眼睛

凤蝶长着大大的复眼，
有助于锁定含有花蜜
的花。

凤蝶的前翅很大

后翅

凤蝶属的蝴蝶后翅上都
长着修长的尾突。

腿

凤蝶胸部长有6条腿。

4片翅膀

凤蝶的翅膀上长满了鳞粉。
用手摸它的翅膀，鳞粉会
随之脱落。

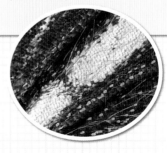

后翅上有蓝色和
橙色组成的图案，
真漂亮!

 小资料

凤蝶

大小	6.5~9厘米
食物	花蜜、树液、果汁
观察时期	3~10月

常见于草丛和花丛中。

各种各样的翅膀

下面我们来观察其他蝴蝶。
对比各种蝴蝶翅膀的图案和颜色，会有
什么样的发现呢？

蓝色的鳞粉在闪闪发光！

德罕翠凤蝶

下图是正在吸食野蓟花蜜的德罕翠凤蝶。翅膀上面的蓝色部分会随着翅膀的扇动闪闪发光。

双色鳞粉构成了美丽的图案！

放大后

日本翠灰蝶

日本翠灰蝶在阳光下会呈现出绿宝石一样的颜色，所以它又被称为"森林的宝石"。仔细观察会发现，日本翠灰蝶翅膀的颜色会随着光线变化。

正面

闪着绿色的光

稍微倾斜一下角度……

变成褐色了

为什么它的翅膀会变色呢？

翅膀的颜色变了！

不可思议 大 调 查 ！

日本翠灰蝶翅膀的颜色会随着光线和角度发生变化。其中到底有什么奥秘呢？让我们一起来探索一下吧。

放大 **日本翠灰蝶的 翅膀**

日本翠灰蝶的翅膀从绿色变成了褐色，让我们放大一下后翅，然后仔细观察。

放大后的发现

绿色的鳞粉是弯曲着生长的！

翅膀表面重叠覆盖着两种颜色的鳞粉，上面是绿色的鳞粉，下面是褐色的鳞粉。

确实如此！从侧面能看到褐色的部分！

大眼睛的解说！

日本翠灰蝶翅膀上的鳞粉如下图所示，是重叠长在一起的。

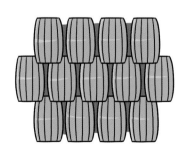

俯视

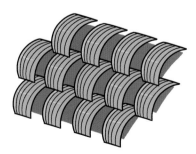

侧视

大家可以进一步研究蝴蝶哦！

 蝴蝶的翅膀会被雨水打湿吗？

 为什么蝴蝶翅膀上有鲜艳又漂亮的图案？

白矩朱蛱蝶

 鳞粉脱落会对蝴蝶造成什么影响呢？

 飞蛾跟蝴蝶是近亲吗？

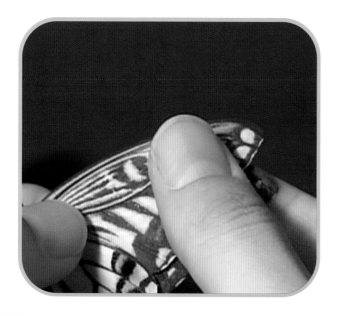

飞蛾

大家可以复印书后的发现笔记，将研究成果记录下来！

这个闪亮的东西是什么？

答案是 蜘蛛丝

络新妇蜘蛛

当物体碰到蜘蛛丝时

蜘蛛丝确实很黏!

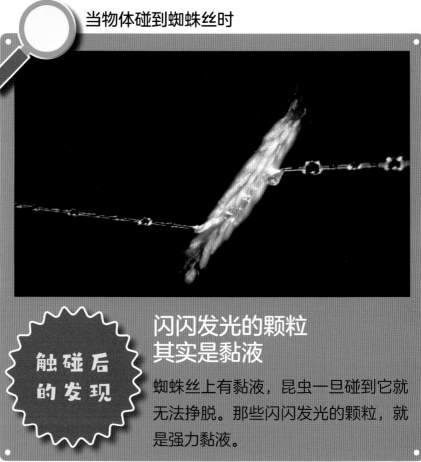

触碰后的发现

闪闪发光的颗粒其实是黏液

蜘蛛丝上有黏液，昆虫一旦碰到它就无法挣脱。那些闪闪发光的颗粒，就是强力黏液。

蜘蛛是什么样的生物？

观察1

看一看它的身体吧

蜘蛛能在自己织的网上自由移动，它的身体究竟有哪些特殊结构呢？

蜘蛛
并不是昆虫。

腿

蜘蛛有8条腿，而且每条腿上都有很多关节，因此它能随意控制前进的方向。

身体

蜘蛛的身体非常柔软，蜥蜴和青蛙都喜欢吃它。

嘴

颚很大，像镰刀一样，能将比自己大的猎物撕碎。

身体的大小

大部分蜘蛛雌雄之间都有体形差异。一般来说，雌蜘蛛比雄蜘蛛大。

眼睛

蜘蛛有8只眼睛。

爪

蜘蛛腿的末端长着钩状爪。它就是利用这些钩爪挂在丝上的。

雌蜘蛛竟然比雄蜘蛛大好几倍！

 小资料

络新妇蜘蛛

大小：雌性2.5~3厘米、雄性约1厘米

食物：昆虫等

观察时期：9~10月

蜘蛛会在庭院或森林里织网。到了秋天它会产卵。

※ 昆虫的特征是身体分3段，身上长着6条腿。而蜘蛛的身体只有2段，身上长着8条腿，所以蜘蛛不是昆虫。

看一看它的行为吧

接下来，我们将要观察蜘蛛的行为。
蜘蛛擅长吐丝织网，它是如何在蛛网上生活的呢？

蜘蛛能一直吐丝吗?

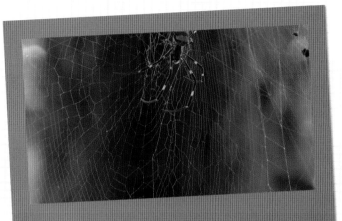

织网

络新妇蜘蛛织的蛛网直径可达 60 厘米。
蛛网上的蛛丝粗细不一，最粗的蛛丝约为
0.01 毫米。蛛网是由外向内织成的。

捕获送上门的猎物

蜘蛛会将粘在蛛网上的猎物用蛛丝一层层
地包裹起来。用于包裹猎物的丝比蛛网的
丝还要细！猎物一旦被包裹起来，就动弹
不得了。

蛛丝到底是 从哪儿来的？

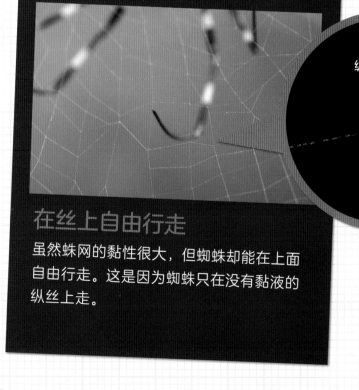

纵丝

横丝

纵丝上没有 黏液!

在丝上自由行走

虽然蛛网的黏性很大，但蜘蛛却能在上面
自由行走。这是因为蜘蛛只在没有黏液的
纵丝上走。

这就是蜘蛛能
在蛛网上自由
行走的原因!

不可思议 大调查！

络新妇蜘蛛的丝是从哪里吐出来的？
让我们放大看看吧。

络新妇蜘蛛是用红色部位吐丝的！

 放大看蜘蛛吐丝

织网时

用丝将猎物裹起来时

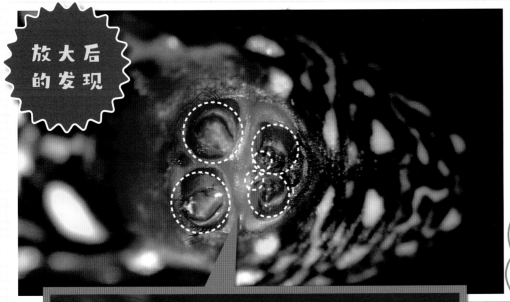

放大后的发现

蜘蛛的屁股上有6个突起，能吐出不同粗细的丝！

既有能吐粗丝的小孔，也有能吐细丝的小孔。

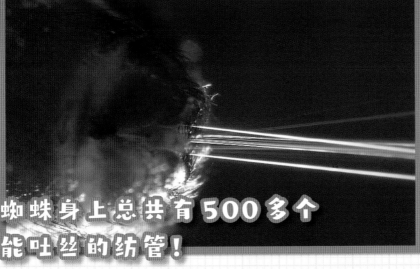

蜘蛛身上总共有500多个能吐丝的纺管！

大家可以进一步研究蜘蛛哦!

 蜘蛛真的会养育后代吗?

 蛛丝的成分到底是什么呢?

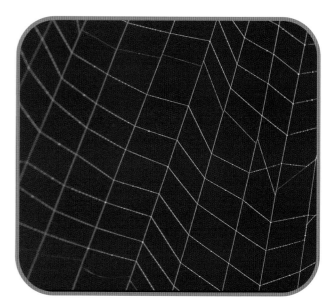

 有不织网的蜘蛛吗?

 蜘蛛都有毒吗?

大家可以复印书后的发现笔记,将调查结果记录下来!

这个闪亮的东西是什么？

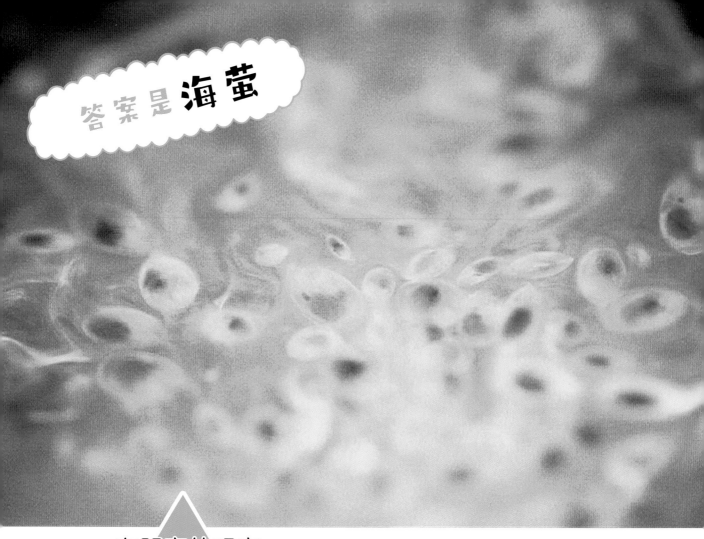

在明亮处观察

放大后的发现

发光的是大量海萤

在夜晚的海边会看见发出蓝白光的海萤。海萤跟水蚤有亲缘关系。海萤的大小约3毫米，一到晚上它们就会活跃起来。

放在明亮处就不发光了吗？

海萤是什么样的生物？

看一看它的身体吧

海萤是生活在海里的夜行性动物。它的身体究竟有哪些特殊结构呢？让我们一起来看看吧。

心脏

海萤的心脏位于眼睛上方。它会不停地跳动，将血液输送到全身各处。

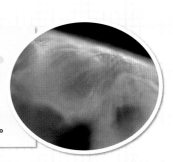

眼睛

由数个像玻璃珠一样的小球组成，能感知光线。

足

从外壳缝隙中伸出 7 对足，用于游泳和进食。

胃

褐色的部分都是海萤的胃。进食后，胃还会变得更大。

壳

海萤的身体被 2 片形似米粒的透明外壳包裹着。

胃占了身体的一大半！

⭐ 小资料

海萤

大小：约3毫米

食物：死鱼等各种食物

观察时期：春季~秋季

常见于干净的海滨。冬天在海上度过，初春移动到海边。

观察 2

看一看它的行为吧

海萤的身体虽小，却非常好动。
它在海里如何生活呢？

胃变大了！

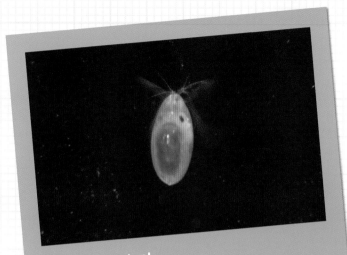

在海中游动

到了晚上，海萤的左右腿会像翅膀一样张开，在海中自由游动。白天它会躲在沙子里。

吃死鱼

海萤的食欲非常旺盛，它是杂食性动物，什么都吃。除了最常吃的死鱼，海萤有时也会吃活的生物。

身体里发出了蓝色的光？！

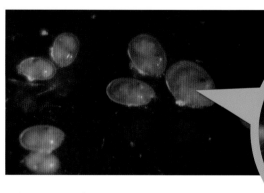

海萤是跟萤火虫一样用屁股发光的吗？

发出蓝色的光

关于海萤发光的原因有很多种说法，目前还没有定论。有人认为海萤发光是为了威慑敌人、保护自己，也有人认为这是雌性和雄性之间的求爱行为。

海萤分泌的发光物质到底是什么？

不可思议 大调查！

海萤的体内好像会分泌蓝色发光物。这种分泌物到底是什么呢?

放大发光的部位

下图是海萤分泌发光物瞬间的抓拍，让我们放大看一看吧。

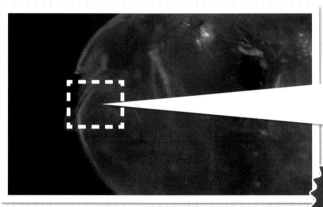

上唇腺 ————•

黄色的液体

放大后的发现

放大海萤分泌发光物瞬间的抓拍，能看到黄色部位分泌出了黄色的液体。这些液体就是发光的源头。

放大上唇腺

为什么黄色液体在上唇腺里不发光?

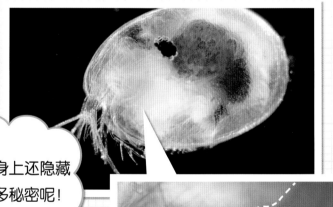

萤身上还隐藏很多秘密呢!

发光是因为化学反应?!

透明的细胞 →

放大后的发现

黄色细胞（上唇腺）

黄色细胞附近还有一种透明的细胞。黄色细胞分泌黄色液体时，透明细胞也会分泌某种物质。黄色液体跟这种物质发生化学反应后就会发光。

大家可以进一步研究海萤哦！

 海萤会在哪些海域出现？

 海萤可以在家养吗？

 海萤产卵吗？

除了海萤，海里还有其他发光生物吗？

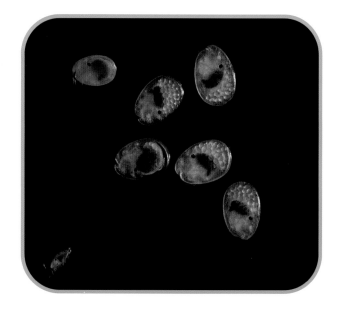

✏️ 大家可以复印书后的发现笔记，将调查结果记录下来！

这个闪亮的东西是什么？

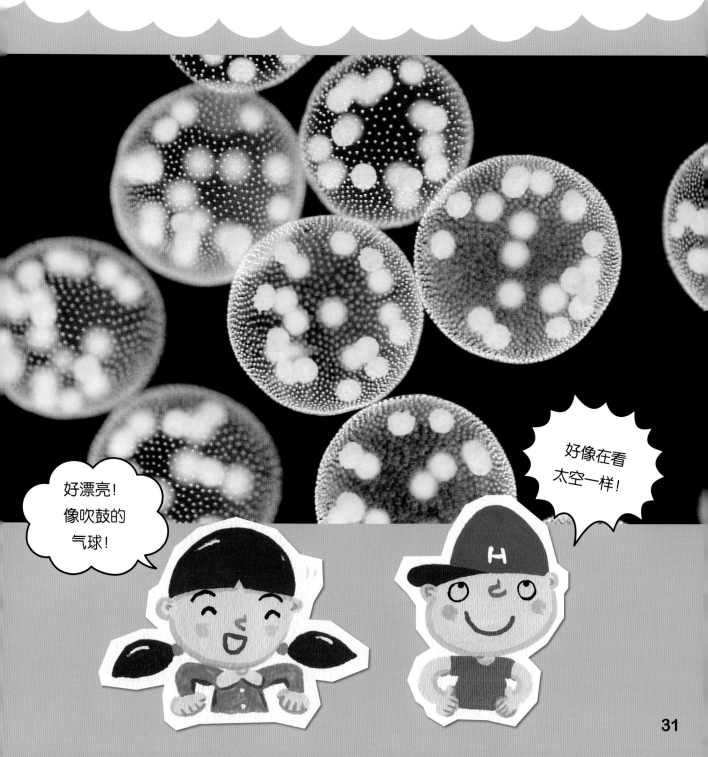

好漂亮！像吹鼓的气球！

好像在看太空一样！

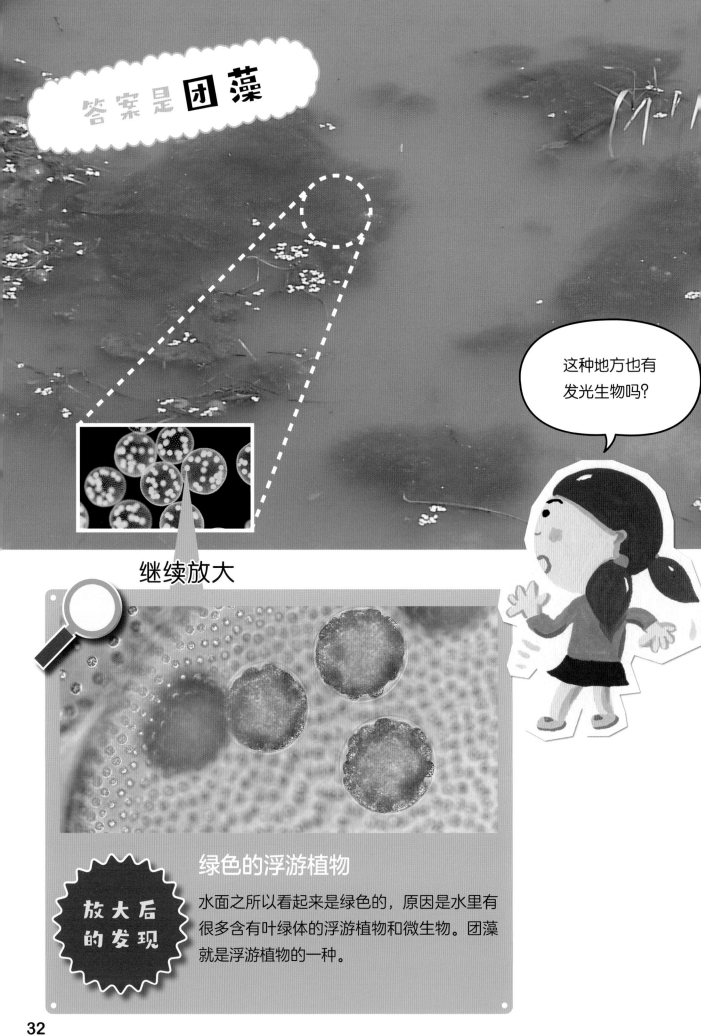

答案是**团藻**

继续放大

这种地方也有发光生物吗?

绿色的浮游植物

放大后的发现

水面之所以看起来是绿色的，原因是水里有很多含有叶绿体的浮游植物和微生物。团藻就是浮游植物的一种。

团藻是什么样的生物?

观察 看一看它的身体吧

团藻被称为"水中的绿宝石"。
它的身体究竟有哪些特殊结构呢?

生殖细胞

团藻内侧有16个小小的圆形细胞,即生殖细胞。团藻就是用它们繁殖后代的。

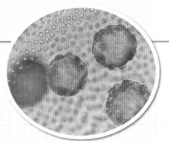

体细胞

团藻的表面有2000多个细胞,这些细胞被称为"体细胞"。每个体细胞都含有叶绿体,体细胞的外侧还长有2根鞭毛,团藻就是利用这些鞭毛在水里移动的。

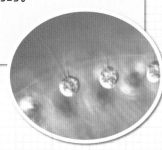

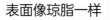

表面像琼脂一样

生殖细胞里有团藻宝宝?!

其他浮游植物

水中不仅有团藻,还有其他浮游植物,例如下面这2种。

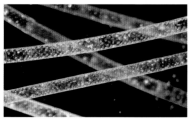

水绵

新月藻

它们都在发光呢!

团藻宝宝是怎样长大的?

⭐ 小资料

团藻

大小:直径约1毫米

观察时期:全年

常见于池塘、河川、水田等地。团藻喜欢水质干净、水流缓慢的地方。

不可思议 大 调 查 ！

团藻体内的生殖细胞是怎样长大的呢？

1 生殖细胞长出圆形颗粒

团藻体内的生殖细胞经过不断分裂形成胚，并长出圆形颗粒状的细胞。

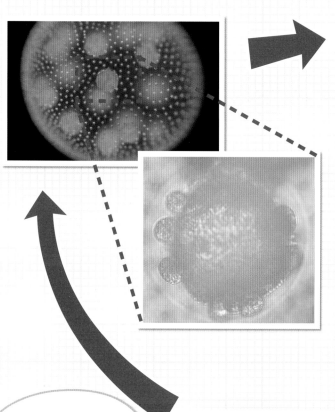

2 胚开始翻转

胚的一部分打开，然后翻转。

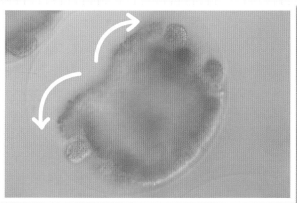

团藻宝宝长大后会冲破母体来到外面。刚出生的团藻不久就会变成母体，继续繁殖下一代。

如果环境适宜，2 天后就会有新的团藻宝宝出生！

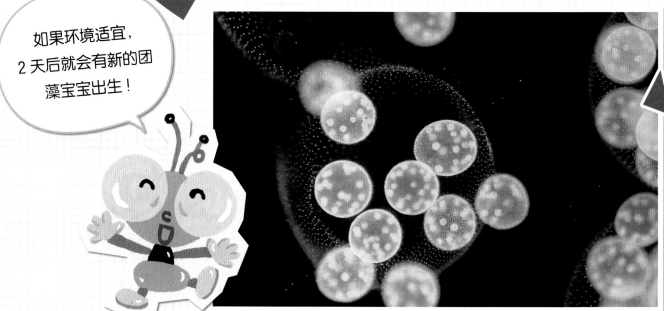

3 外侧的圆形颗粒进入内侧

翻转后，外侧的圆形颗粒就会进入内侧。

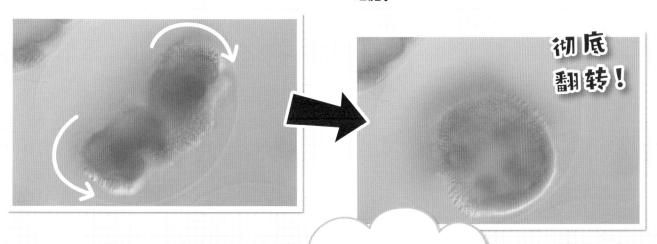

4 彻底翻转

外侧的圆形颗粒全部进入内侧。这就是团藻宝宝。内侧的圆形颗粒会变成孕育下一代的生殖细胞。

彻底翻转！

翻转后的团藻里生成了新的生殖细胞！

6 母体里全是团藻宝宝

团藻宝宝越长越大，几乎占据了整个母体。

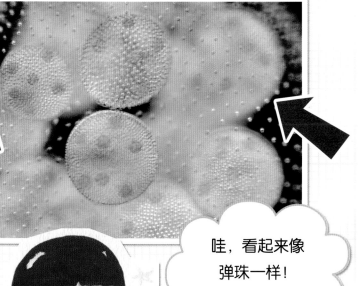

哇，看起来像弹珠一样！

5 在母体里慢慢长大

翻转后，团藻宝宝的身体结构就变得跟母体一样了，之后团藻宝宝会在母体里继续成长。

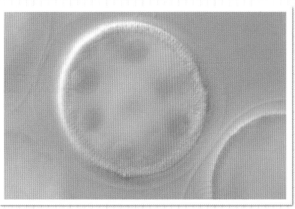

照片提供者：西井一郎（日本奈良女子大学）

大家可以进一步研究团藻哦！

 怎样才能找到团藻？

 团藻能活几天？

 团藻的英文名是什么？

 跟团藻类似的微生物还有哪些？

团藻

（汉语）

‖

V＿＿＿＿x

（英语）

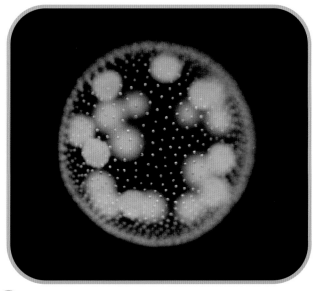

✏️ 大家可以复印书后的发现笔记，将调查结果记录下来！

这个闪亮的东西是什么？

答案是 水稻叶子上的针

"针" 的成分与玻璃相同！

这是"植硅体"。

放大

水稻叶子的边缘长着很多针

放大后的发现

水稻叶子的边缘长着很多坚硬的针。触摸水稻时划伤我们手指的就是这些针。

水稻是什么样的植物？

看一看水稻吧

水稻是重要的农作物。接下来，让我们一起看一看水稻结出果实（大米）的过程吧。

水稻的花

水稻会在气温 30 摄氏度以上的晴朗天气里开花，具体时间是中午 11 点左右。水稻的花期很短，一般不到 1 个小时就闭合了。

尖端有黄色袋子的是雄蕊。袋子里装着很多花粉。

雄蕊下方的小分枝是雌蕊。

【8月的水稻】

原来水稻也能开花！

叶子表面

稻叶表面有很多白色的筋。

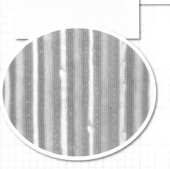

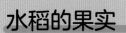

水稻的果实

雌蕊和雄蕊完成授粉后，变成果实的部分（子房）就会慢慢长大，最后长成黄色的稻穗。

【9月的水稻】

子房

子房尚未长大。

子房

叶子通过光合作用制造营养，使子房慢慢长大。

39

找一找植硅体吧

水稻的叶子里藏着很多植硅体。
让我们从它的表面和横截面上找找看吧。

扇形植硅体

从稻叶的横截面上能看到几个扇形透明物质。

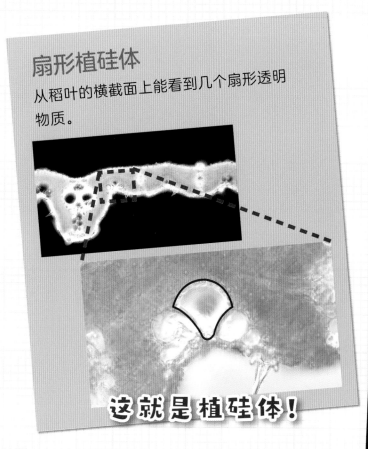

这就是植硅体！

像方块一样排列在一起的植硅体

从另一个角度观察稻叶表面的白筋，能看到上面有很多透明的方块整齐地排列在一起。

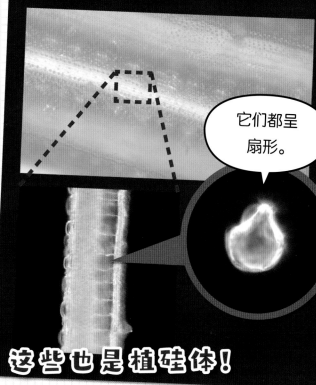

它们都呈扇形。

这些也是植硅体！

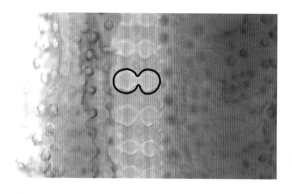

8字形植硅体

再观察别的白筋，能看到上面有8字形透明物质。

很多部位都有植硅体！

植硅体到底是什么东西？

不可思议 大调查！

稻叶表面和白筋上的植硅体到底是什么东西？让我们一起来研究一下。

燃烧后，植硅体就会消失吧？

放大燃烧过的稻叶

燃烧会让稻叶里的植硅体发生变化吗？一起来做实验吧。

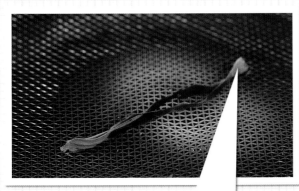

烧成灰的稻叶上还残留着白筋。

放大

放大后的发现

植硅体不会被燃烧殆尽！

放大稻叶的白筋，能看到上面还残留着8字形的植硅体。**由此可知，植硅体是不可燃的物质。**

大眼睛的解说！

稻叶上像针一样的植硅体是如何形成的呢？下面就为大家讲解一下整个过程。

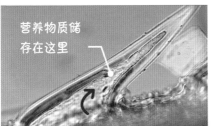

营养物质储存在这里

1 水稻会将从根吸收的营养物质储存在细胞里。

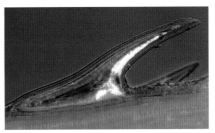

2 细胞慢慢变成玻璃质（非晶质），这时植硅体就形成了。

大家可以进一步研究水稻哦！

 为什么稻叶里会产生植硅体？

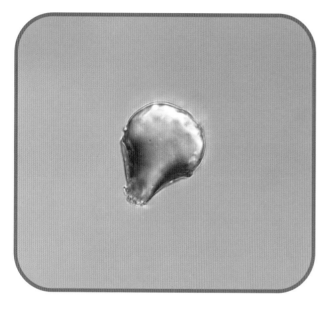

 一粒水稻种子能长出多少大米？

 水稻的雌蕊和雄蕊怎么授粉？

 种大米就能长出水稻苗吗？

🖊 大家可以复印书后的发现笔记，将调查结果记录下来！

42

自主学习的方法

如果大家想继续学习相关的知识，可以采用下面 4 种方法。除此之外，还可以询问长辈，或是跟小朋友一起研究。

从书本上学习

到学校图书馆或公共图书馆查找相关的书籍或图鉴。如果不知道要查的书放在哪里，可以询问图书馆的工作人员。

从互联网上学习

利用关键词在互联网上进行检索。网上有很多面向儿童的科普网站，会将知识通俗易懂地呈现出来。

观察或做实验

大家还可以到野外观察，或者做一些有趣的实验。不过一定要注意安全，千万不要进入危险场所或进行危险的实验。

询问老师或家长

有些问题可以直接询问老师或家长。如果碰到有关生产的问题，可以到工厂参观，向专业人士请教。

游泳池里的微观世界

🔍 夏天经常使用的户外游泳池到了无人使用的季节，里面就会生长出很多小生物。你认识这些生物吗？

栅藻

（单个细胞的长度约为0.03毫米）
浮游植物。由2个、4个或8个细胞组成。

阿米巴

（体长约0.5毫米）
浮游动物。阿米巴不仅能在水中自由移动，还能随意地改变身体形状。

盘星藻

（直径约0.1毫米）
浮游植物。绿色的身体呈扁平状。长大后，身体外侧会伸出角。

划蝽

（体长5~6毫米）
昆虫。划蝽会用尖尖的嘴吸食沉积在水底的藻类。

双翼二翅蜉的幼虫

（体长约8毫米）
浮游动物。双翼二翅蜉的幼虫以水中的微生物为食，变成成虫后就会飞离游泳池。

摇蚊的幼虫

（体长1~10毫米）
浮游动物。颚部强而有力，以水中的微生物为食。

草履虫

（体长0.1~0.3毫米）
浮游动物。主要以细菌为食。

轮虫

（体长0.03~0.1毫米）
浮游动物。轮虫非常活泼好动，主要以浮游植物为食。

发现笔记 的 写法

※ 书后的发现笔记仅为样例，最好先复印下来，不要直接往上写哦。

下面给大家讲讲发现笔记的具体写法。

大家可以参考后面的范例，将自己调查的内容填写上去。

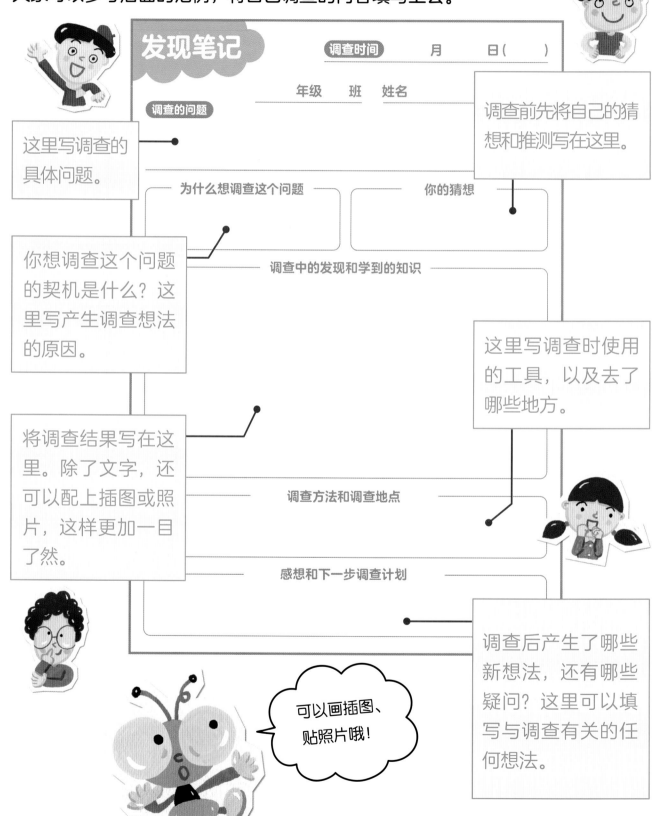

发现笔记

调查时间　　　月　　　日（　　）

年级　　　班　　　姓名

调查的问题

这里写调查的具体问题。

调查前先将自己的猜想和推测写在这里。

为什么想调查这个问题　　　　　你的猜想

你想调查这个问题的契机是什么？这里写产生调查想法的原因。

调查中的发现和学到的知识

这里写调查时使用的工具，以及去了哪些地方。

将调查结果写在这里。除了文字，还可以配上插图或照片，这样更加一目了然。

调查方法和调查地点

感想和下一步调查计划

调查后产生了哪些新想法，还有哪些疑问？这里可以填写与调查有关的任何想法。

可以画插图、贴照片哦！

46

发现笔记

调查时间	3 月 15 日 (周日)

4 年级 3 班　姓名　渡边小太郎

调查的问题

蝴蝶翅膀的颜色为什么这么鲜艳?

为什么想调查这个问题
在花丛中看到了非常漂亮的蝴蝶。

你的猜想
为了麻痹天敌。

调查中的发现和学到的知识

原因有以下几个:
一、为了区分同伴。
二、为了让别的生物知道它有毒。
三、为了减少天敌的袭击。

调查方法和调查地点
去图书馆查看图鉴

感想和下一步调查计划
想知道蝴蝶为什么有毒,以及为什么要让别的生物知道它有毒。

发现笔记

调查时间	10 月 13 日 (周二)

4 年级 5 班　姓名　神谷奈那

调查的问题

有不织网的蜘蛛吗?

为什么想调查这个问题
我在家里发现了蜘蛛,但没有找到蜘蛛网。

你的猜想
我觉得蜘蛛应该都会织网。

调查中的发现和学到的知识

我在家里发现的蜘蛛是跳蛛,它是一种不织网的蜘蛛。
在公园里发现了络新妇蜘蛛,它织的网非常大。

调查方法和调查地点
去家附近的公园观察蜘蛛,还看了图鉴

感想和下一步调查计划
世上竟然有不织网的蜘蛛,真是太神奇了。

看一看其他小朋友写的发现笔记吧

发现笔记

调查时间	8 月 17 日 (周一)

3 年级 3 班　姓名　塚原爱麻

调查的问题

除了海萤,海洋里还有其他发光生物吗?

为什么想调查这个问题
在电视上看到了海萤,就想了解一下其他的发光生物。

你的猜想
我觉得有。

调查中的发现和学到的知识

瓜水母能发出七色的光。

海洋深处非常暗,那里有很多发光生物。

灯眼鱼眼睛下方能发光。

调查方法和调查地点
去海洋馆,查看图鉴

感想和下一步调查计划
会发光的瓜水母看起来真漂亮。

发现笔记

调查时间	4 月 14 日 (周二)

4 年级 4 班　姓名　岩本谦信

调查的问题

种大米就能长出水稻苗吗?

为什么想调查这个问题
看到奶奶插秧,于是产生了这样的想法。

你的猜想
大米是用稻谷加工成的,所以种大米应该能长出水稻苗。

调查中的发现和学到的知识

播种后过了一周都没有出苗,于是查看了相关书籍。书上说水稻要用稻谷来种。

调查方法和调查地点
将大米种在营养土里

感想和下一步调查计划
下次想试试用稻谷种水稻。

版权登记号：01-2022-5312

图书在版编目（CIP）数据

微观世界放大看：全5册 / 日本NHK《微观世界》制作班编著；(日) 长谷川义史绘；王宇佳译. —— 北京：
现代出版社, 2023.3
ISBN 978-7-5143-9977-6

Ⅰ. ①微… Ⅱ. ①日… ②长… ③王… Ⅲ. ①自然科学—少儿读物 Ⅳ. ①N49

中国版本图书馆CIP数据核字（2022）第204784号

"NHK FOR SCHOOL MICROWORLD 4 KIRAKIRA" by NHK「MICROWORLD」SEISAKUHAN, Hasegawa Yoshifumi
Copyright © 2021 NHK, Hasegawa Yoshifumi
All Rights Reserved.
Original Japanese edition published by NHK Publishing, Inc.
This Simplified Chinese Language Edition is published by arrangement with NHK Publishing, Inc. through East West Culture &
Media Co., Ltd., Tokyo

微观世界放大看（全5册）

编 著 者	日本NHK《微观世界》制作班
绘 者	【日】长谷川义史
译 者	王宇佳
责任编辑	李 昂 滕 明
封面设计	美丽子-miyaco
出版发行	现代出版社
通信地址	北京市安定门外安华里504号
邮政编码	100011
电 话	010-64267325 64245264（传真）
网 址	www.1980xd.com
印 刷	固安兰星球彩色印刷有限公司
开 本	889mm×1194mm 1/16
印 张	15.25
字 数	144千字
版 次	2023年3月第1版 2023年3月第1次印刷
书 号	ISBN 978-7-5143-9977-6
定 价	180.00元

发现笔记

调查时间　　　月　　　日（　　）

年级　　　**班**　　　**姓名**

调查的问题

── 为什么想调查这个问题 ──

── 你的猜想 ──

── 调查中的发现和学到的知识 ──

── 调查方法和调查地点 ──

── 感想和下一步调查计划 ──